Quelques Avis

Aux Jeunes

IMPRIMERIE DE DANICOURT-HUET,
à Orléans.

Quelques Avis

Aux Jeunes

CHASSEURS,

Par un vieux Chasseur en retraite.

ORLÉANS.

DANICOURT-HUET, ÉDITEUR.

PARIS.

TOURNEUX, LIBRAIRE, QUAI DES AUGUSTINS, N° 13

LECOINTE ET DUREY, LIBRAIRES, MÊME QUAI, N° 49

1827.

Avant-Propos.

En publiant quelques avis, fruits de ma vieille expérience, je crois me rendre utile aux jeunes amateurs de la chasse, et bien mériter de leurs parens, qui ne redoutent pas sans raison les dangers d'un plaisir que l'on paie souvent trop cher.

Tant de fois j'ai été témoin d'accidens occasionnés par la pétulance de la jeunesse, son imprévoyance et sa complète ignorance des précautions qui importent le plus, que je me suis persuadé qu'elle me saurait gré de ma sollicitude et de mes avis. Du reste je ne fais point ici un traité; je veux seulement placer à la suite les unes des autres des observations de détail qui apprendront à un jeune homme qui charge son épaule d'un fusil pour la première fois, à s'en servir avec le plus de sûreté et avec le plus de succès possible.

Je lui recommanderai d'abord d'avoir une connaissance générale des réglemens qui régissent la chasse, de respecter la propriété d'autrui, de ne se faire ennemi de personne, et d'éviter les querelles et les procès; les suites en sont souvent fâcheuses et quelquefois funestes.

Mais avant d'entrer en matière, qu'il me soit permis de parler en vieil amateur de la chasse, plaisir ou passion, comme on voudra dire, qui me fut, qui m'est encore cher.

Que d'avantages en effet s'unissent aux

jouissances que procure la chasse! N'est-elle pas pour l'homme l'exercice le plus agréable, le plus varié, le plus conforme aux moyens dont Dieu l'a si libéralement pourvu? Comme elle développe ses facultés, comme elle les absorbe à cet âge où les passions s'éveillent! Que de bienfaits un jeune homme sage et prudent devra à cet exercice si salutaire!

La chasse, en effet, le rend robuste, agile, insensible aux impressions de l'air; elle lui donne un coup-d'œil rapide et sûr, lui apprend à supporter la faim, la soif, la longue marche; elle le rend infatigable. Et puis, quand vient l'âge, qui désabuse de tout, le goût de la chasse survit à tous les autres; il distrait et console. Qu'un vieux chasseur, croyez-m'en, jeune homme! qu'un vieux chasseur puisse encore porter son fusil, faire quelques heures de marche, viser juste quelquefois, il renaît, il est content. Mais c'est pour vous plus que pour moi que l'aurore est diligente. L'orient se colore de pourpre et d'or, déjà le chasseur est debout. Le ciel serein lui promet un beau jour. Il appelle ses chiens. Voyez comme ils l'entourent et le caressent; comme ils bondissent de joie en lui voyant porter la main à ses guêtres, à sa carnassière, à son fusil! Plus impatiens que lui-même, ils refusent leur nourriture, tant il leur tarde de se lancer à travers les champs et les bois. La porte s'ouvre, les voilà en quête. Favorisés par la rosée qui rafraîchit la terre, ils suivent la trace du gibier, ils le surprennent et l'arrêtent. Le chasseur approche, observe, tient son fusil armé; le gibier part, la foudre éclate et l'atteint. Le chien fidèle le rapporte à son maître. Comme l'heureux chasseur s'applaudit, comme il caresse son chien! Mais son fusil est déjà rechargé, il continue ses exploits. Je le vois gravir les rochers, courir le long des coteaux, descendre dans la plaine, sauter les fossés, glisser à travers les haies épineuses; tantôt il disparaît dans l'épaisseur du bois, tantôt il reparaît dans les chaumes, au milieu des bruyères. Sans cesse il ajuste, il tire, il multiplie ses succès.

Si parfois, dans sa course vagabonde, il entend le doux murmure d'un ruisseau, il s'arrête, s'assied sous un vieux chêne, vénérable monarque de la forêt, fait désaltérer ses chiens dans l'onde pure, vide son flacon empaillé, partage quelques croûtons de pain avec ses chiens, ou dévore un fruit que le hasard lui a offert, et après quelque repos se met à parcourir de nouveau les bois et les guérets.

Quelle jouissance quand, à son retour, tout annonce qu'il a été heureux! car on s'en aperçoit aisément : bientôt il étale d'un air de triomphe les différentes espèces de gibier, qu'il tire pièce à pièce de sa carnassière. Comme il raconte avec feu les moindres circonstances de sa chasse, l'histoire de chaque coup de fusil, l'adresse de ses chiens, leur intelligence, leur savoir-faire! Quel babil! Les chasseurs le comprennent, les femmes l'écoutent, et la ménagère sourit.

On reproche souvent aux chasseurs d'être exagérés dans leurs narrations;

mais on juge de la véracité de chacun par son caractère connu, et personne n'est dupe.

Parlerai-je enfin de l'agrément d'un bon repas qui répare les forces du chasseur, de la douceur de son repos et du charme des rêves qui prolongent pour lui les plaisirs de la journée?

Et voilà comme le chasseur s'oublie! voilà comme il est heureux! Revenons à vous, mes jeunes camarades, et commençons notre entretien. Je vous ai parlé de précautions d'un grand intérêt; les unes ont la poudre pour objet, les autres le fusil; voilà qui regarde votre sûreté. Pour ce qui peut aider vos succès, nous verrons ce qui concerne les différentes espèces de chasses : chasse au bois, chasse en plaine, chasse sur les étangs. Vous apprendrez ensuite les ruses du gibier, les lieux qu'il fréquente de préférence, la manière de connaître son âge, de le conserver, de le manger bon.

Nous devons aussi parler de nos fidèles compagnons, de ces chiens si ardens, si dociles, si experts, si caressans, si bien caressés; chiens courans, chiens couchans; leurs différentes races, leur aptitude, comment on les dresse, comment on les soigne: leurs maladies; manière de les guérir.

Mais c'est assez discourir; il est temps d'entrer en matière.

QUELQUES AVIS

AUX JEUNES

CHASSEURS.

CHAPITRE PREMIER.

De la Poudre.

Il faut préférer la poudre de première qualité à toute autre. On en emploie moins; sa détonation est plus prompte, sa force de répulsion plus considérable.

Pour être assuré de sa bonne qualité, il faut en voir l'effet chez un armurier, sur une éprouvette. On juge de la force de la poudre par le grand nombre des crans de la roue qu'elle a fait tourner dans son explosion.

Le chasseur doit avoir une poire à poudre dont les charges soient indiquées sur le dé par différens numéros. Il limitera sa charge à celui qui convient à la force de sa poudre et à celle du canon de son fusil.

Il ne faut jamais placer son baril à poudre dans un meuble trop près d'une cheminée, ni dans un lieu où l'on est dans le cas de porter une chandelle allumée.

Serrez-le à hauteur, dans un lieu sec, et sous la clef.

Éloignez-vous toujours du feu des cheminées et des lumières quand vous remplissez votre poire à poudre.

CHAPITRE II.

Du Fusil.

Placez toujours votre fusil à hauteur, dans un lieu sec, et dans son fourreau de serge, pour le garantir de la poussière et de l'humidité.

Quand vous avez chassé par un temps humide, n'oubliez jamais d'en frotter le fer et le bois avec un petit linge imbibé d'huile d'olive.

Si vous avez chassé par la pluie, aussitôt arrivé chez vous, ôtez la baguette de votre fusil, essuyez-la avec un linge sec; faites-en autant à votre fusil d'un bout à l'autre; placez-le près du feu et à une distance convenable; lorsqu'il sera bien sec, frottez-le avec le linge imbibé d'huile sur le fer et le bois, et remettez la baguette.

Ne souffrez ni rouille sur le canon et les batteries de votre fusil, ni taches sur son fût.

Quand vous entrez dans une maison étrangère, au retour de la chasse, mettez votre fusil sur son repos, et hors de la portée des enfans.

Ne vous servez jamais d'un fusil que vous n'avez pas chargé vous-même.

Ne laissez pas votre fusil plus de quinze jours sans le décharger.

Ne tirez jamais votre arme dans un appartement, dans une grange, dans un grenier rempli de paille ou de tout autre combustible ; vous pourriez y mettre le feu avec la bourre enflammée de votre coup de fusil ; examinez si cette bourre ne s'est pas arrêtée aussi au dehors sur un toit de chaume, sur un monceau de bois, de foin, dans une cour, et assurez-vous si elle est bien éteinte.

Ne tirez pas dans la direction d'une porte ou d'une croisée ouverte, de crainte de blesser quelqu'un, ce qui peut arriver à une grande distance avec du gros plomb.

Si vous tirez bas sur un chemin pavé, faites attention à ce que personne ne soit devant vous. Souvent le plomb, par un ricochet, se relève avec force, et frappe beaucoup plus loin des objets placés à hauteur, et quelquefois du côté opposé à la direction de votre coup de fusil.

Quand vous voyagez, soit à cheval, soit en voiture, le plus prudent est de décharger votre fusil. Il faut éviter autant que possible les frottemens qui pourraient en endommager le canon et le fût.

Ne frappez jamais avec la crosse de votre arme un chien désobéissant, un lièvre blessé. Rien ne se casse plus facilement, et l'on paie un peu cher un autre fût quand on est obligé d'en faire faire un neuf.

Lorsque vous passez à travers une haie,

un bois fourré, tenez toujours le canon de votre fusil élevé en l'air, surtout si vous êtes accompagné de quelqu'un qui peut se trouver devant ou derrière vous, et veillez à ce que les chasseurs qui vous suivent en fassent autant. Le défaut d'attention en pareil cas a occasionné bien des accidens.

Ne tirez pas dans une vigne, dans un jeune taillis et en plaine, à hauteur d'homme, dès que vous voyez une personne dans la direction du gibier que vous ajustez au vol. Le plomb peut blesser à une grande distance.

Si un cavalier, un voiturier, une bête de somme, une vache, passent près de vous, ne tirez pas, quand même vous en auriez la plus belle occasion. Bien des chasseurs ont payé cher les dommages et les accidens causés par leur imprudence.

Si vous êtes à cheval ou en voiture avec votre fusil chargé, ne le tirez pas, à moins que votre cheval ne soit habitué à entendre de bien près la détonation des armes.

Évitez autant que possible les querelles avec des villageois ; ne tirez point sur leurs chiens, surtout sur ceux des bergers, s'ils viennent déranger votre chasse.

Après avoir tiré une vingtaine de coups de fusil, il est temps de nettoyer le canon. Quand il est trop gras, le plomb s'écarte davantage, et n'atteint pas aussi loin qu'avec un canon frais lavé.

Un canon trop gras a aussi l'inconvénient d'arrêter la bourre en le chargeant, et peut causer un accident quand il reste le moindre intervalle entre la bourre et la poudre ou le plomb, ce qui ferait crever le canon.

Lorsque vous portez votre arme sur le bras, le canon penché vers la terre, prenez garde qu'il ne se bouche de terre, ou de neige en hiver, soit en marchant sur un terrain inégal, soit en sautant un fossé, cela suffirait pour faire éclater le bout de votre canon au moment où vous tireriez.

Si vous oubliez d'armer votre batterie, pour peu que vous sentiez une résistance qui n'est pas ordinaire en voulant tirer, arrêtez-vous, pour ne pas casser le grand ressort.

Avec un fusil à deux coups il ne faut pas négliger de mettre sur son repos le canon qui reste encore chargé, avant de recharger celui que vous avez tiré.

N'appuyez jamais votre main ou votre bras sur le bout de votre fusil chargé, quand vous le tenez debout et que vous êtes arrêté, même lorsqu'il est sur son repos. Un chien qui vous caresse peut appuyer une de ses pattes sur la gachette et faire partir votre fusil. Craignez toujours que le ressort ne soit trop faible ou mal arrêté sur son repos.

Quand vous armez ou désarmez votre fusil, tenez-en le canon élevé; c'est une habitude qu'il faut prendre et ne jamais perdre.

Ne bourrez pas trop votre fusil ; servez-vous de papier mou ou de bourre de bourrelier.

N'augmentez votre charge en poudre qu'en hiver, par un temps humide, car dans cette circonstance il en faut mettre un peu plus que dans un temps sec.

Ne vous servez jamais de balles de plomb, à moins qu'elles ne soient du calibre de votre fusil, et faites exprès.

Les chevrotines ont l'inconvénient de s'écarter beaucoup. Une douzaine suffit pour une bonne charge. On s'en sert rarement; le gros plomb qu'on nomme plomb à loup est préférable.

DES

DIFFÉRENTES CHASSES.

CHAPITRE III.

Chasse au bois.

Aussitôt que vous entendez les chiens mener, placez-vous de manière à avoir le vent pour vous et à le sentir dans le visage.

Si le vent souffle au contraire derrière vous, la bête qui vient de votre côté et devant vous suivra un autre chemin aussitôt qu'elle vous aura éventé.

Quand vous êtes plusieurs chasseurs placés le long d'une allée d'un bois, vous devez être tous sur la même ligne et très-près du bois, afin qu'en tirant la bête au passage de l'allée vous ne couriez aucun risque de vous blesser les uns les autres.

L'encoignure d'un bois est toujours une place favorable pour y tirer le gibier, qui y passe assez souvent, et de préférence à tout autre endroit du bois.

Partout ailleurs, il faut se mettre vis-à-vis les passées du gibier dans le bois.

On reconnaît facilement ces passées aux pas du lièvre ou du lapin, à l'herbe foulée par leurs allées et venues quand ils sortent du bois ou qu'ils y rentrent.

Si un lièvre sort du bois et gagne la plaine toujours poursuivi par des chiens courans, il faut l'attendre à l'endroit où il a quitté le bois; les chiens vous le ramèneront, à moins qu'ils n'en perdent la trace.

Le lapin sort rarement du bois pour traverser des champs. Quand il n'a pas de terrier, il tourne et retourne dans les fourrées du bois.

Lorsque vous avez tiré et culbuté lièvre ou lapin, que vous avez la main dessus, ne le lâchez pas avant d'être bien assuré de sa mort. Quelquefois il n'est qu'étourdi par un grain de plomb, et il vous échappe au moment où vous y pensez le moins, si vous le laissez sur la terre. Il faut alors mettre votre pied sur une de ses pattes de derrière avant de le placer dans votre carnassière, et pendant que vous chargez votre fusil.

Pour plus de sûreté, il faut lui donner un coup du revers de la main sur le cou, derrière les oreilles, en tenant le lièvre suspendu par les pattes de derrière.

Quand on chasse au lapin et qu'on en connaît les terriers, il faut toujours se placer aux environs pendant que les chiens le mènent, pour le tirer au moment où il arrive pour y rentrer, et ne pas oublier d'avoir le vent pour soi.

Si vous voyez venir droit devant vous lièvre ou lapin, restez à votre place sans faire le moindre mouvement; attendez qu'il arrive bien à votre portée pour le tirer.

Si le lièvre vient au petit trot, ajustez-le

dans le bas des pattes de devant; mais s'il court, ajustez au moins un pied plus bas que ses pattes.

Quand il court devant vous en vous présentant le derrière, ajustez-le au bas des oreilles.

Quand lièvre ou lapin est arrêté, ne le tirez pas de trop loin. On le blesse souvent dans cette position sans l'avoir. Si, au contraire, il se présente en travers en courant, vous pouvez le tirer de loin. Un seul grain de plomb peut l'arrêter et le tuer en le frappant au cœur.

Si on voit un lièvre se raser au milieu d'un champ, il ne faut pas aller droit à lui, mais en décrivant un grand cercle dont on réduit insensiblement la circonférence, jusqu'à ce qu'on arrive à portée pour le tirer, soit arrêté, si on peut le voir, soit au moment de son départ.

Quand vous découvrez un lièvre au gîte, tirez-le par derrière en ajustant bas en plongeant; la moitié de son corps se trouve cachée dans la terre par la manière dont il est placé.

En été le lièvre est dans la plaine, surtout dans les guérets.

En hiver il préfère les bois.

Il en sort quand la pluie tombe abondamment, ainsi que des blés, où il se tient alors dans le bas des sillons. C'est dans ce temps que les chasseurs tuent le lièvre à l'arrêt. En marchant avec précaution on examine chaque sillon, et l'on y voit souvent un lièvre arrêté.

Quand on chasse au lièvre ou au lapin il faut marcher doucement, s'arrêter de temps en temps; ce n'est qu'en ce moment-là qu'un lièvre part du gîte; il y reste lorsqu'il vous voit toujours marcher.

Si au lieu de chiens on a des batteurs pour faire sortir le gibier du bois, ne tirez jamais devant vous, de crainte de blesser les batteurs, et ne tirez le gibier que lorsqu'il traverse l'allée où vous êtes placé.

CHAPITRE IV.

Chasse en plaine.

L'HEURE la plus favorable pour la chasse en plaine est le matin, depuis le lever du soleil jusqu'à neuf à dix heures, quand il fait chaud.

Plus tard, perdreaux et cailles restent tranquilles à l'ombre dans les bois, dans les regains de trèfle, de luzerne, de prairies.

D'ailleurs les chiens, fatigués, n'ont plus ni nez ni ardeur.

On peut chasser encore le soir une heure ou deux avant le coucher du soleil.

Quand le temps est frais et le ciel nébuleux, on peut chasser toute la journée.

Les vents les plus favorables pour la

chasse sont ceux de nord-est et de nord-ouest.

La perdrix rouge préfère le bois à la plaine. Elle n'en sort que le matin et le soir.

La perdrix grise préfère la plaine au bois, où elle ne va que pour éviter les chasseurs et les oiseaux de proie.

La caille se tient de préférence dans les chaumes mêlés d'herbes, dans les regains de trèfle, de luzerne, de sainfoin, et dans les haies bien fourrées.

Quand elle quitte nos pays vers la fin de septembre, comme elle ne voyage que la nuit, ainsi que tous les oiseaux qui émigrent à cette époque, elle se repose le jour dans les taillis et les vignes, où le chasseur en rencontre quelquefois en quantité.

Le râle de genêt, plus rare que la caille, se trouve dans les mêmes lieux qu'elle, et surtout dans les regains des prés situés près des petites rivières, et jamais dans les guérets.

A la fin de septembre on ne trouve plus ni cailles, ni tourterelles, ni huppes, ni loriots, ni coucous, ni crapauds volans, etc.

Si on voit encore quelques individus de chacune de ces espèces, ce sont des jeunes, produits par des couvées tardives, et qui n'ont pas eu assez de force pour suivre les pères et mères.

Un chasseur qui entend bien ses intérêts ne détruit jamais les pères et mères perdrix dont les petits sont encore en traîne, et qui ne peuvent pas voler loin. Quand ils ont perdu ceux qui les conduisent et les protégent, ils deviennent victimes des oiseaux de proie, des fouines, des renards et des belettes.

On reconnaît la mère perdrix lorsque ses petits sont en traîne, à ses cris en voyant le chasseur ou son chien, et lorsqu'elle court gauchement en boitant, comme si elle était blessée, afin d'attirer toute l'attention de son côté, pendant que les jeunes perdreaux se sauvent en courant du côté opposé, ou qu'ils restent tapis sur la terre, ou cachés dans les hautes herbes.

Si vous prenez de jeunes cailles à l'arrêt de votre chien, vous pouvez les conserver vivantes en les nourrissant avec du millet, du chenevis et du blé, dans une cage ou une caisse couverte d'un filet pour qu'elles ne se blessent pas à la tête en sautant, et dont le plancher reste toujours couvert de sable fin; il faut leur mettre de l'eau dans un vase fait comme celui des pigeons, qui a plusieurs ouvertures dans le bas, et qui est couvert par une bouteille renversée. Sans cela elles saliraient leur eau et ne pourraient pas la boire. On leur donne de temps en temps quelques feuilles fraîches et tendres de laitue, et on nettoie souvent leur cage. Avec ces soins elles vivent long-temps, et s'apprivoisent facilement. On peut par ce moyen les manger très-grasses en hiver.

Les jeunes perdreaux sont plus difficiles à élever, sont plus sauvages, et demandent les mêmes soins et précautions.

A l'époque de l'émigration des cailles, celles qui sont en cage se tourmentent et s'agitent jour et nuit beaucoup plus que de coutume pendant quelque temps. Elles finissent par reprendre leurs habitudes et vivre plus tranquilles.

Quand les perdreaux ne sont pas encore maillés, et qu'ils peuvent voler à une grande distance, les pères et mères s'envolent d'un côté et les jeunes perdreaux de l'autre. Quand ils sont poursuivis par le chasseur, ils se rejoignent bientôt; mais quand les perdreaux sont maillés, ils volent avec leurs pères et mères du même côté.

On reconnaît le perdreau maillé à quelques plumes placées sous les ailes, dont le bout est barré par une tache rousse.

Aussitôt que vous avez tiré une perdrix, si elle ne tombe pas après votre coup de fusil, suivez-la toujours de l'œil le plus loin que vous pourrez. Il arrive assez souvent qu'après avoir été blessée et avoir parcouru dans l'air un très-long espace, elle pointe en volant au-dessus d'elle-même et tombe ensuite roide morte.

Si elle décrit un grand cercle en quittant sa compagnie après avoir été tirée, et en volant les ailes tendues, comme si elle se disposait à descendre sur la terre, pour l'ordinaire vous la trouvez aussi morte à l'endroit où elle est descendue.

Pour la trouver il faut fixer un arbre, un buisson, une touffe d'herbe, une motte de terre, qui puisse vous servir d'indicateur, et la chercher toujours plus loin que votre œil ne l'a vue tomber, surtout dans un bois.

Lorsque deux chasseurs tirent en même temps la même pièce de gibier, si elle tombe elle n'appartient à aucun des deux ; on la tire à la courte-paille.

Quand c'est une perdrix qui ne tombe

qu'après avoir pointé, elle est censée appartenir au dernier chasseur qui l'a tirée, s'il était à portée de le faire. Dans le cas contraire elle doit être pour le premier tireur.

On juge de la même manière pour le lièvre, quand il tombe de suite après le second coup de fusil, ou long-temps après avoir été tiré par deux chasseurs.

Si vous éparpillez une compagnie de perdreaux, remarquez avec soin les différentes remises pour les retrouver, et si vous les entendez rappeler, vous irez du côté du rappel en marchant lentement, et cherchant bien de tous côtés. Les perdreaux en pareil cas partent très-près de vous. Aussitôt que la compagnie est réunie, ils partent de plus loin.

Pour tirer avec avantage, il ne faut le faire qu'à cinquante pas au plus loin, et à trente pas au plus près, pour ne pas trop maltraiter le gibier.

Pour retrouver un perdreau qui a eu

l'aile cassée et que vous avez perdu, il faut retourner le lendemain de bon matin à l'endroit fréquenté par la compagnie; aussitôt que vous la ferez partir, vous verrez le perdreau blessé vouloir s'élever pour suivre les autres, et retomber aussitôt; alors votre chien le prendra aisément.

Lorsque vous voyez lièvre, perdrix ou lapin rasés, tirez-les bien en plongeant, sans quoi votre coup de fusil passera pardessus sans les toucher, ou ne fera que les blesser légèrement.

Quand votre chien tombe en arrêt, et que le gibier ne part pas à votre approche, tournez autour de votre chien, examinez la direction de son regard, et vous finirez par découvrir le gibier, à moins qu'il ne soit très-caché par une touffe d'herbe ou dans un buisson fourré.

Si vous le tirez arrêté, ne vous placez pas vis-à-vis votre chien, mais de côté, et de manière à ne pas le blesser; et si la pièce de gibier se trouve trop près de votre chien, le plus prudent est de la faire partir pour la tirer ensuite.

Un lièvre rasé en plaine ne fuit point à l'approche des vaches et des moutons; le chien seul du berger peut l'effayer. Où le lapin abonde, le lièvre est rare et les renards nombreux.

Il faut avoir soin de faire boire ses chiens de temps en temps quand il fait chaud à la chasse.

Les chiens couchans ont quelquefois de la peine à arrêter le râle de genêt et le faisan. L'un et l'autre courent vite et long-temps avant de s'arrêter. Les chiens sont forcés de suivre leurs traces avec plus de promptitude que celles du perdreau.

Le faisan est très-sauvage, se tient dans les bois fourrés, vole lourdement, et se perche quelquefois dans les grands arbres.

Un chien bien dressé doit quêter sagement, ne pas s'éloigner trop de son maître, arrêter ferme sans faire le moindre mouvement, revenir promptement au coup de sifflet quand il s'écarte, et apporter fidèlement le gibier sans lui donner de coups de dents.

Le lièvre poursuivi par le chasseur se jette quelquefois à la nage pour traverser une petite rivière et dérober sa trace aux chiens.

Le lièvre de Beauce est meilleur à manger que celui de Sologne.

C'est le contraire pour la perdrix grise.

Le lapin des lieux élevés est préférable à celui qui fréquente les bois bas et humides.

Dans les mois de mars, avril et mai, les vieux lièvres et les vieux lapins ne valent rien.

La bécasse se trouve dans les grands bois, fréquente les allées tortueuses, s'arrête près des tailles de chêne, dans les lieux humides.

CHAPITRE V.

Chasse aux Canards sauvages, aux Poules d'eau, aux Râles d'eau, aux Plongeons, aux Judelles, aux Bécassines, etc.

La bécassine est de tous les oiseaux le plus difficile à tirer au vol.

Il faut des chiens habitués à chasser dans les étangs et à aller à l'eau pour chasser avec avantage les oiseaux aquatiques.

Il est toujours dangereux pour un chasseur de se mettre à l'eau dans les étangs. Il y risque sa santé et quelquefois sa vie.

Quand un canard sauvage est blessé à mort, s'il ne tombe pas de suite il pointe comme la perdrix et meurt.

Lorsque les oiseaux aquatiques ont été tourmentés dans un étang et qu'ils n'en sont pas sortis, ils y restent presque invisibles, le corps dans l'eau et le bec seulement au-dessus, près d'une tige de jonc, pour respirer. Ce n'est qu'après plusieurs heures, et quand ils n'entendent plus de bruit, qu'ils reparaissent dans leur entier.

On peut les tirer le soir à l'affût. Si on n'a pas de chien pour se les faire apporter, quand on les a tirés à une certaine distance du rivage, on les y amène par le moyen d'un cercle attaché à une longue ficelle, en le jetant de manière à ce que l'oiseau mort se trouve au milieu du cercle.

Les bécassines arrivent dans nos pays à la fin de septembre, ainsi que les grives. Elles en sortent à la fin de mars; mais il en reste toujours quelques-unes qui font leurs nids, les premières sur le bord de nos étangs, et les secondes dans nos forêts.

Les bécasses arrivent à la Saint-Denis, elles s'en vont aussi à la fin de mars. Plusieurs restent et font leurs nids dans nos bois, dans le voisinage des petits ruisseaux.

Quand un oiseau vient droit devant vous en volant rapidement, ne le tirez pas par-devant, il est rare qu'on l'atteigne dans cette position; ne le tirez que de côté ou par-derrière.

Si vous faites lever un levraut dans un champ, pour l'ordinaire il y en a un autre à 40 ou 50 pas plus loin, aux environs du gîte de celui que vous avez fait partir.

Le chasseur qui marche avec précaution, qui observe avec activité et qui se presse le moins pour tirer, est celui qui tue le plus de gibier.

Le chasseur doit être patient, réfléchi, prudent, et jamais emporté.

Deux personnes qui chassent de compagnie doivent être l'une envers l'autre obligeantes, généreuses, et esclaves des convenances.

Il faut avoir dans sa carnassière une petite bouteille empaillée remplie d'eau-de-vie ou mélangée avec moitié eau, et avoir aussi un peu de pain.

Avant de partir pour la chasse, il est bon, pour sa santé, de manger quelque chose et de boire un demi-verre de vin pur.

Il faut aussi tâcher de faire manger ses chiens, en ne paroissant point devant eux avec le costume de chasse.

On s'expose aux fièvres d'automne quand on chasse à jeun, surtout dans la Sologne.

Avant de chasser il faut observer le temps, et de quel côté souffle le vent, afin de l'avoir pour soi partout où l'on se trouve.

Examinez si rien ne vous manque.

Quand la terre est très-sèche ou qu'il gèle fortement, les chiens n'ont pas de nez.

Un temps frais et un peu humide convient.

CHAPITRE VI.

Chasse aux Poissons à fleur d'eau.

QUAND le temps est très-chaud, que le soleil, à midi, darde vivement ses rayons, le poisson dans les étangs se montre à fleur d'eau. Il y reste comme endormi, le brochet surtout; on peut alors le tuer d'un coup de fusil avec du plomb un peu gros, et en l'ajustant à la tête, un peu en plongeant.

Il ne faut pas que le poisson soit trop enfoncé dans l'eau; deux pouces d'eau au-dessus de son corps suffisent (1).

(1) On doit faire observer ici que le propriétaire de l'étang a seul le droit de tirer le poisson.

CHAPITRE VII.

A quoi l'on reconnaît l'âge des Perdrix.

Le perdreau gris a les pattes jaunes et le bout des premières plumes des ailes pointu.

La perdrix a les pattes grises et le bout des premières plumes des ailes arrondi.

Le coq perdrix a des plumes rousses placées en forme de fer à cheval sous le ventre.

La femelle a le ventre tout gris. Quand il est déplumé, c'est une preuve qu'elle a couvé.

A mesure que le perdreau gris prend de l'âge, la couleur jaune de ses pattes s'efface et approche de la couleur grise.

Quand les pattes des perdrix grises sont

d'un gris bleuâtre, elles annoncent une grande vieillesse.

Le perdreau rouge a les pattes d'un rouge vif et le bout des premières plumes des ailes pointu.

La perdrix a les pattes d'un rouge plus terne et le bout des premières plumes des ailes arrondi.

Le coq perdrix rouge se reconnaît à un éperon qu'il porte à ses pattes.

La femelle n'en a point. Elle est plus petite que le coq.

CHAPITRE VIII.

Moyen de distinguer les jeunes Lièvres et Lapins d'avec les vieux.

LES uns et les autres se reconnaissent aux oreilles, qui se déchirent facilement de haut en bas, et aux jointures des pattes de devant, qui forment une espèce de coche entre les deux os des jointures du milieu de chaque patte. On la sent en la pressant non au-dessus, mais de côté.

Plus ils vieillissent, et plus cette coche se remplit de manière à ne plus la sentir.

Quand les lièvres ou les lapins sont vieux, leurs pattes de devant sont toutes droites au milieu, et leurs oreilles ne se déchirent qu'avec effort.

Les jointures des pattes de devant sont les marques les plus certaines pour reconnaître leur âge, et pour peu qu'on sente encore un peu d'intervalle entre les deux os des jointures, ils sont mangeables rôtis.

CHAPITRE IX.

Observations diverses.

Il ne faut jamais oublier de faire pisser le lièvre ou le lapin avant de le mettre dans sa carnassière.

Quand on chasse par un temps très-chaud, il faut ôter le boyau aux perdreaux pour les mieux conserver.

Avant de manger le gibier, il faut le laisser au crochet pendant quelques jours, suivant la saison, l'âge du gibier, son espèce, et la manière dont il a été plus ou moins maltraité par le coup de fusil ou par les chiens.

On peut conserver plusieurs jours en été le gibier en l'enveloppant de feuilles de vigne aussitôt qu'on arrive de la chasse. Il faut mettre de ces feuilles sous les ailes des perdreaux et entre leurs cuisses, comme entre les pattes du lièvre et du lapin, et les couvrir entièrement de ces feuilles que l'on retient par le moyen d'une petite ficelle, et l'on suspendra le gibier, ainsi arrangé, dans une cave bien saine et aérée.

Lorsqu'on a l'attention d'ôter d'avance, en chassant, le boyau aux perdreaux et aux cailles, c'est un moyen de plus de s'assurer de leur conservation.

Les oiseaux aquatiques se conservent moins de temps que ceux des autres espèces.

La bécasse et le faisan sont les deux oiseaux qui se conservent le plus longtemps; il faut les laisser quinze jours en hiver au crochet pour les manger bons. Mais tout cela dépend du temps plus ou moins sec ou humide.

En général, il faut toujours laisser un peu faisander le gibier pour qu'il acquière le fumet qu'il doit avoir, et qui le rend plus agréable à manger.

Les oiseaux qu'on ne vide pas avant de les mettre à la broche, sont les bécasses, les bécassines, les grives dans le temps des vendanges, les alouettes, les bec-figues, les motterelles, les ortolans.

Au mois de septembre, le coucou, la huppe, le crapaud volant, sont bons à manger.

Les guinettes de la grande et de la petite espèce, les guignards, sont excellens à la fin d'août.

Le héron, le butor, quand ils sont jeunes, peuvent se manger.

Le ramier jeune est parfait, le vieux ne vaut rien.

Le râle de genêt est délicieux.

Le jeune vanneau, le râle d'eau, la poule d'eau, la judelle, le plongeon, les halbrans, sont très-bons.

Tous les petits oiseaux qui ont le bec effilé sont en général bons à manger.

Quand un oiseau, après avoir été tiré, se réfugie dans un arbre, il faut examiner s'il ne tombe pas au pied de l'arbre, ou s'il n'est pas retenu mort sur une branche ou sur une touffe de feuilles; dans ce cas, si l'arbre n'est pas trop gros, on l'ébranle pour en faire tomber l'oiseau qui, après avoir été blessé mortellement, a eu encore assez de force pour voler jusqu'à cet arbre. On perd souvent des grives pour n'avoir pas fait cet examen.

Il arrive aussi quelquefois qu'après en avoir tiré une dans un arbre touffu, vous croyez l'avoir manquée parce qu'elle n'est pas tombée, et cependant elle peut y être morte sur un paquet de petites branches ou de feuilles.

CHAPITRE X.

Des Chiens de chasse, de leurs différentes espèces, de la manière de les dresser, de leurs maladies, de la manière de les traiter.

Des Chiens couchans.

On distingue particulièrement trois espèces de chiens couchans : l'épagneul, le braque et le griffon.

Le plus facile à dresser, le plus obéissant et le plus attaché à son maître, c'est l'épagneul.

Il chasse à l'eau, au bois, dans la plaine, mais il se lasse plus vite que le braque et le griffon.

Le braque est infatigable, mais plus difficile à dresser; il chasse avec ardeur et pétulance, n'aime pas l'eau et les bois épineux; mais il a de la grâce dans ses mouvemens, un extérieur agréable quand

5

il est bien proportionné, que sa robe est d'un beau blanc, ornée de quelques taches d'un beau brun, que sa tête est bien faite et ses oreilles bien placées.

Le griffon a un extérieur repoussant, est dur à dresser; mais c'est un chien excellent quand il obéit bien à tous les commandemens de son maître, parce qu'il a le jarret vigoureux, qu'il est insensible au froid, à la chaleur, qu'il n'est presque jamais malade. Il chasse à l'eau, au bois et dans la plaine.

Il est sujet à avoir la dent dure pour apporter le gibier; mais il est plus attaché à son maître que le braque, et lui rend service long-temps.

En général, les chiennes ont plus d'attachement pour leurs maîtres que les chiens, surtout quand on les a dressées soi-même.

Elles ont l'inconvénient d'avoir quelquefois des petits dans la saison de la chasse; alors, jusqu'à ce qu'ils soient d'une certaine force, la mère ne peut les quitter plusieurs heures de suite.

Il faut toujours choisir les chiens dont la robe est blanche, parce qu'on les voit mieux dans les taillis et les vignes que lorsqu'ils sont de couleur foncée.

Il faut leur donner les noms les plus courts et les plus sonores.

Quand le chien chasse, il doit être sans collier. Une branche d'arbre peut entrer entre le collier et le cou; alors il se trouve arrêté, et souvent il se blesse par les efforts qu'il fait pour se dégager.

Si vous voyez votre chien boiter, examinez ses pattes; une épine en est souvent la cause.

Le chien dont le corps est trop allongé et les pattes basses, manque de vigueur. Il doit être bien proportionné dans tout son extérieur, avoir les reins larges, la poitrine étendue, les nerfs des pattes bien détachés, la tête peu chargée, les yeux bruns, bien ouverts, et n'avoir qu'un médiocre embonpoint.

CHAPITRE XI.

Des Chiens courans.

Les chiens courans les plus estimés pour la chasse au lièvre et au lapin sont les bassets et les briquets, qui sont une espèce de chiens à poil ras, à pattes droites, et d'une taille moyenne.

Quand ces chiens, en chassant, ont perdu la trace d'un lièvre ou d'un lapin qu'on a vu passer, il faut les appeler de suite et la leur montrer en baissant la main sur la terre, pour les remettre sur la voie.

Lorsque ces chiens trouvent un lièvre ou un lapin mort, ou qu'ils le prennent blessé, ils le dévorent aussitôt, à moins que vous n'arriviez à temps pour les en empêcher. Les cris du lièvre blessé ou du lapin pris par les chiens vous avertissent.

Quand ces chiens cessent de donner de la voix peu de temps après que vous avez tiré le lapin ou le lièvre, c'est une présomption presque certaine qu'ils l'ont trouvé mort et qu'ils le mangent.

Si vos chiens connaissent bien votre maison, lorsqu'ils s'obstinent à poursuivre un renard ou un chevreuil, et si vous ne les entendez plus, n'ayez pas d'inquiétude, ils reviendront tôt ou tard au logis.

Il faut aussi donner à ces chiens des noms très-sonores.

CHAPITRE XII.

Manière de dresser des chiens couchans pour la chasse.

Quand on veut dresser soi-même un chien couchant, il faut le prendre jeune, et à l'âge de six semaines à deux mois, le choisir dans une race franche, et observer si le père et la mère réunissent toutes les qualités qui les rendent parfaits pour la chasse.

Si un des deux a quelques défauts, et surtout si c'est la mère, le jeune chien aura les mêmes vices.

Sa queue doit avoir été coupée, huit à dix jours après sa naissance, avec un fer rougi au feu, et doit être d'une longueur convenable. Une queue trop courte ou trop longue dépare un chien.

Il faut toujours la couper en dessous, et non en dessus. Pour cette opération on renverse le jeune chien sur le dos et on lui retient les pattes de derrière, pour qu'elles ne soient pas brûlées par le fer rouge dans les mouvemens qu'il se donne et l'attitude forcée qu'on lui fait prendre.

Quand on fait cette opération en dessus, on peut brûler le poil de la queue de manière qu'il ne puisse repousser assez pour recouvrir toute la partie où le retranchement a eu lieu.

La meilleure saison pour dresser un jeune chien est l'hiver, et quand il est dans un âge où il puisse avoir atteint neuf à dix mois à l'ouverture de la chasse.

Il faut le soigner, lui donner à manger soi-même et le nourrir long-temps avec du pain trempé dans du lait tiède. Il profitera plus vite et en deviendra plus beau.

Quand il est parvenu à une certaine force, on l'habitue par gradation à la soupe à l'eau grasse, qui sera sa nourriture ordinaire pendant toute sa vie.

La pâtée faite avec de la viande et du pain ne lui convient point.

Habituez votre jeune élève à venir près de vous quand vous l'appelez; caressez-le souvent, pour qu'il vous connaisse bien et s'attache à vous de préférence à toute autre personne de votre maison.

Commencez ensuite par l'amuser en jetant à peu de distance de lui une petite boulette de papier.

Soyez seul avec lui dans votre chambre, pour qu'il ne soit point distrait par d'autres personnes ou quelques animaux.

Les premiers jours vous le laisserez jouer avec la boulette de papier; ensuite vous lui direz de vous l'apporter. S'il vous obéit, caressez-le et donnez-lui un peu de sucre ou du pain trempé dans du lait tiède.

S'il ne continue pas à vous apporter l'objet que vous lui aurez jeté, ne le grondez pas, vous l'effraieriez; ne le frappez pas, il n'apporterait plus.

Insensiblement il vous obéira, et avec de la patience et de l'adresse vous viendrez à bout de le dresser comme il doit l'être.

Quelques chasseurs habituent leurs

chiens à se tenir debout et à se retourner pour ne pas les salir avec leurs pattes de devant, en leur apportant la pièce de gibier. Cette manière est plus agréable que nécessaire, et le jeune chien ne l'apprend pas toujours facilement.

A mesure que votre élève prend l'habitude d'apporter, variez la forme des objets que vous lui jetez; employez la peau, le bois, le drap, la toile, afin qu'il ne voie pas toujours la même chose.

Vous finirez insensiblement par ne le récompenser qu'avec des caresses.

Pour l'habituer au gibier, vous lui ferez apporter un petit oiseau mort, surtout une alouette fraîche tuée; elle a beaucoup de fumet et lui fait connaître celui du gibier. S'il vous l'apporte dès la première fois, caressez-le bien; mais si vous n'êtes pas obéi, ne vous découragez pas; attendez au lendemain, et profitez du moment où il sera bien gai, bien en train de vous apporter les objets que vous lui jetez ordinairement, puis vous lui ferez apporter l'alouette.

Quand il l'aura apportée, contentez-vous d'une fois, et prenez garde de le lasser. Un autre jour vous la lui ferez apporter plusieurs fois.

Ne lui présentez pas la même alouette plusieurs jours. Tâchez, à chaque fois, d'en avoir une fraîche, et continuez encore de temps en temps de lui faire apporter toute autre chose qu'il puisse prendre et enlever facilement.

Ne fatiguez pas votre élève par des leçons trop répétées et trop longues ; deux fois par jour suffisent.

Après ces leçons préparatoires, si votre chien en a bien profité, tâchez de vous procurer une perdrix vivante ou une caille. Faites-lui parcourir une partie de votre chambre en l'absence de votre élève, cachez-la dans un coin de manière à ce qu'il ne puisse la voir, et arrangez-la pour qu'elle s'y tienne sans remuer.

Faites venir votre chien, montrez-lui la trace parcourue par votre caille ou perdrix ; si vous voyez qu'il l'a trouvée, dites-lui : *cherche*, et répétez ce mot plusieurs fois ; aussitôt que vous le verrez s'approcher de la perdrix ou de la caille, vous lui direz : *tout beau*, d'un ton ferme et haut, et vous l'empêcherez de se jeter dessus, s'il est disposé à le faire.

Après plusieurs leçons semblables, vous l'habituerez à arrêter.

Il faut toujours commencer avec une perdrix ou une caille, et lui faire arrêter ensuite de la même manière le lièvre et le lapin.

Quand on veut lui faire apporter le gibier qu'il arrête, on lui dit : *pille*, *apporte*. Mais tant qu'on ne lui dit pas ces deux mots, il doit rester tranquille sur son arrêt.

Ce dernier commandement ne peut servir que pour faire prendre à votre chien une pièce de gibier blessée.

Le mieux est de ne pas lui en donner souvent l'occasion, parce qu'il apprend par ce moyen à forcer.

Pour que votre chien apprenne à bien chercher et à trouver le gibier, il faut cacher de plus en plus celui qui vous sert à cet effet.

Sitôt que les cailles arrivent dans nos pays, ce qui a lieu pour l'ordinaire dans le mois d'avril, et on les appelle alors cailles vertes, vous ferez chasser votre chien dans les prairies, les blés, les seigles. Vous le conduirez dans les lieux où vous les entendrez chanter; s'il rencontre, dites-lui toujours, *tout beau*, d'un ton modéré, pour ne pas effrayer la caille, et s'il l'arrête, tâchez de l'abattre d'un coup de fusil au vol, et vous la lui ferez apporter. Plusieurs leçons semblables le formeront parfaitement. L'essentiel est de ne pas manquer les premiers coups de fusil que vous tirerez à son arrêt, pour ne pas donner de l'impatience à votre chien.

Avant de tirer du gibier près de votre chien, il faudra l'habituer à la détonation de la poudre, en commençant par un quart de charge le premier jour, et en augmentant graduellement la charge de jour en jour.

Proportionnez toujours vos corrections à la force, à l'âge et aux fautes de votre élève.

J'ai vu des chiens ne vouloir plus retourner à la chasse, pour avoir été trop maltraités par leurs maîtres.

Ne laissez pas prendre à votre chien l'habitude de courir après les cailles ou les perdreaux que vous manquerez en les tirant, ni de s'écarter trop de vous en quêtant.

On peut le laisser courir après un lièvre que le coup de fusil n'aura pas arrêté ; il le prendra s'il est blessé dangereusement.

A mesure que votre chien se forme et prend de l'âge, vous élevez votre voix en lui commandant, pour lui imposer davantage.

L'expression de votre physionomie, quand il vous regarde, doit être sa punition ou sa récompense ordinaire.

Je ne suis pas de l'avis des chasseurs qui corrigent leurs chiens à coups de fusil quand ils ne leur obéissent pas en chassant. Si cette méthode cruelle réussit quelquefois, elle les expose à des blessures souvent dangereuses. On ne doit user de ce moyen qu'à l'égard des chiens mal dressés et trop vieux pour l'être mieux. Mais il est difficile de corriger de pareils chiens.

Quand un chien bien dressé chasse avec d'autres chiens, et qu'il montre trop d'ambition, il vaut mieux le faire chasser seul. Il finirait par perdre le fruit des leçons que vous lui avez données, il deviendrait trop impatient, trop ardent, et ne vous obéirait plus.

Pour apprendre un chien qui force souvent son arrêt à arrêter ferme, il faut user du collier de force.

Ce collier, garni en dessous de plusieurs pointes de fer aiguës, se met au cou du chien; on y attache une longue cordelette; vous faites chasser votre chien dans un endroit où il doit facilement rencontrer des perdreaux ou des cailles. Aussitôt que vous le voyez marquer leurs traces, s'il va trop vite, vous lui dites : *doucement;* quand il n'obéit pas aussitôt vous tirez à vous la cordelette pour donner une saccade au collier et lui en faire sentir les pointes. La douleur qu'il ressent le force de ralentir sa quête, et vous l'habituez ainsi à la faire plus sagement et à arrêter ensuite comme il doit le faire.

On se sert du même collier pour faire apporter un chien qui le fait par caprice, et pour lui apprendre à saisir par le milieu du corps un lièvre ou un lapin. On lui présente un morceau de bois arrondi, d'un pied de longueur, et de la grosseur à peu près du corps d'un lapin, dont les deux bouts sont soutenus sur des pieds de trois ou quatre pouces de hauteur. On lui ordonne de l'apporter; s'il n'obéit pas, on lui fait sentir les pointes du collier jusqu'à ce qu'il obéisse.

En général la réussite des leçons que le chien reçoit, dépend autant des dispositions naturelles de l'élève que de l'intelligence du maître qui sait les donner à propos.

Le chien qui vient de bonne race et dont le père et la mère ont de bonnes qualités, se dresse promptement et avec facilité.

Il y a des chasseurs qui prétendent que les chiens qui ont le nez fendu et ceux qui naissent sans queue sont les meilleurs. J'en ai dressé de toutes les espèces connues pour la chasse en plaine, et j'en ai trouvé de très-bons dans toutes ces espèces.

Ne souffrez pas que votre jeune chien joue avec les chats; il pourrait recevoir dans les yeux des coups de griffe dangereux.

Habituez-le à toujours coucher dans le lieu que vous lui indiquerez, et à y rester à l'attache; mais dans sa première jeunesse il faut lui laisser souvent sa liberté, pour le fortifier par l'exercice.

Si vous le voyez courir après la volaille, ne lui en laissez pas prendre l'habitude, et corrigez-le fortement dès les commencemens. Pour le faire avec succès, quand il continue malgré les corrections ordinaires, on lui attache à la queue une poule retenue par la patte à une ficelle d'une certaine longueur; l'autre bout de cette ficelle serre fortement un petit morceau de bois fendu en deux pour y placer la queue de votre chien. La douleur qu'il ressent lui fait croire que c'est la poule qui en est la cause ; il s'enfuit ; la poule épouvantée crie, et après quelques minutes on le débarrasse de ces objets qui le corrigent dès la première fois qu'on en fait usage.

Pour habituer le jeune chien à aller à l'eau, conduisez-le, en été, près d'une rivière dont les eaux sont basses, et toujours par un temps très-chaud ; vous lui jetterez à peu de distance du rivage un petit morceau de bois ; s'il va le chercher et vous l'apporte, caressez-le beaucoup ; s'il n'y va pas, ne le grondez pas, et contentez-vous, pour le premier jour, de le voir aller un peu dans l'eau.

Il faut, comme de raison, que votre chien soit déjà habitué à bien apporter avant de lui en donner le commandement dans l'eau.

Si vous pouvez le faire accompagner par un autre chien habitué à apporter à l'eau, l'exemple de celui-ci formera plus promptement votre élève.

A mesure qu'il s'enhardira à aller à l'eau et à rapporter, vous éloignerez insensiblement l'objet que vous lui jetterez, afin qu'il s'habitue à nager; il faut que cet objet soit toujours visible sur l'eau à votre chien, car si du rivage il ne le voit pas, il n'ira pas le chercher.

Vous tâcherez de tuer des petits oiseaux que vous tirerez au vol au-dessus de l'eau et à peu de distance du rivage, pour que votre chien les voie bien tomber et les aperçoive sur l'eau. Cette manière l'encouragera et l'amusera beaucoup.

Il ne faut lui commencer ces leçons que quand il est à un certain âge, à moitié dressé, habitué au bruit des coups de fusil, dans une rivière peu profonde, et par un temps très-chaud.

Quand on a la mère du jeune chien qu'on veut élever, bien dressée, elle facilite beaucoup, par son exemple, son éducation.

Il faut néanmoins toujours commencer à lui donner les premières leçons, seul avec vous, et puis en présence de la mère de temps en temps. Vous les laisserez vous obéir chacun à leur tour dans votre chambre, en retenant tantôt la mère, tantôt le jeune chien, au moment que vous leur commanderez quelque chose, afin que la mère ne soit pas toujours la première à vous obéir.

Le chien qui se couche devant le gibier en l'arrêtant est ordinairement le plus parfait pour la chasse.

Les chiens ont quelquefois la mauvaise manie de se rouler sur les cadavres des animaux en putréfaction. Il faut les corriger de cela sévèrement et les observer soigneusement quand ils s'éloignent de vous en se promenant ou en chassant.

CHAPITRE XIII.

Des maladies ordinaires aux chiens, et de la manière de les traiter.

La nourriture la plus convenable pour les chiens est une soupe faite avec du pain bis et des eaux grasses.

Il faut leur en donner deux fois par jour et aux mêmes heures. Jamais de viande, ce qui les rend galeux, jamais d'os qui usent trop leurs dents.

La meilleure place pour les coucher l'hiver et l'été, c'est une écurie occupée par un cheval, et bien aérée. Ils y ont moins de puces que partout ailleurs.

Il faut les habituer à se tenir à l'attache, changer souvent la paille qui leur sert de lit, et mettre à leur portée de l'eau dans laquelle reste toujours un morceau de soufre.

Un chien annonce qu'il est malade quand le bout de son nez est sec, que sa tête est penchée vers la terre, que son regard est triste, ses yeux chassieux et qu'il n'a plus d'appétit.

Il faut lui faire avaler, le matin à jeun, pendant quelques jours, un peu de soufre en poudre, environ plein la moitié d'un dé à coudre dans une cuillerée ou deux de lait, ou un peu de manne et de miel dans du lait, et le nourrir avec de la soupe au lait.

Si malgré ces soins il continue à être malade, il faut lui faire prendre trois grains de soufre doré d'antimoine dans une omelette ou dans un morceau de viande.

Le dernier remède est le séton derrière le cou, qu'il faut tenir propre le plus possible.

On fait faire ce séton par un maréchal-ferrant.

Il ne faut point mettre à l'attache votre chien pendant tout le temps qu'il est malade et dans les remèdes.

Quand il est malade au point d'avoir un tremblement convulsif dans tous ses membres, il faut lui faire boire à jeun quelques gouttes d'éther dans du lait.

Si vous guérissez votre chien, ne le menez pas trop tôt à la chasse; attendez qu'il soit bien rétabli.

Ordinairement la maladie se déclare à l'âge de six mois à un an.

Quand un chien devient tout-à-coup triste, qu'il refuse la nourriture et l'eau, il faut le tenir à l'attache, le surveiller pour s'assurer si la rage ne s'empare pas de lui, et ne s'en approcher qu'avec précaution.

Quand c'est la maladie connue et indiquée plus haut par les différens signes qui annoncent une humeur qui abonde dans la tête, il faut laisser le chien libre et le soigner. Faute de remèdes donnés à propos il périra ou deviendra aveugle.

Le chien qu'on fait chasser souvent dans les étangs ne vit pas long-temps.

Le mal le plus difficile à guérir, c'est le fi, humeur rongeante, espèce de cancer qui attaque le chien au bout de l'oreille et qui la lui ronge quelquefois malgré les remèdes qu'on lui oppose.

Le fer rougi au feu, appliqué sur la plaie, est le moyen le plus efficace pour la faire disparaître. Il faut le mettre en usage aussitôt que le fi se montre, et autant de fois qu'il reparaît, jusqu'à parfaite guérison. Votre chien, pendant cette douloureuse opération, doit être bien attaché et fortement contenu.

Lorsqu'un chien a été mordu par une vipère, il faut sur-le-champ lui faire avaler quelques gouttes d'alkali-volatil-fluor dans un peu d'eau, et en bassiner souvent la blessure. Vous lui ferez boire ensuite pendant quelques jours à jeun quelques cuillerées d'une forte infusion de fleurs de sureau. Vous en bassinerez aussi la plaie.

Vous le nourrirez avec de la soupe au lait et le retiendrez à l'attache jusqu'à ce que l'enflure occasionnée par la morsure ait disparu.

Il faut toujours avoir sur soi, en chassant dans les pays fréquentés par les vipères, un petit flacon d'alkali-volatil-fluor, renfermé dans un étui de bois.

Le temps où la vipère se rencontre le plus souvent, c'est après une pluie chaude, quand le soleil reparaît et se fait sentir vivement.

Si votre chien a été mordu par un

chien enragé, il faut l'attacher et le surveiller. Si la morsure ne lui a pas déchiré la peau il pourra bien n'être pas atteint de la maladie; mais si le contraire a eu lieu, sa situation devient dangereuse.

Dans cette occasion il faut toujours user de surveillance et de précautions.

Je ne connais pas d'autre préservatif que la cautérisation, qui doit être faite aussitôt que l'accident est arrivé; encore ne réussit-elle pas toujours.

Un chien gourmand avale quelquefois des petits morceaux d'éponge, ou des petits os entiers, vous le voyez faire des efforts inutiles pour s'en débarrasser. Il faut alors lui donner le quart d'un lavement à l'eau chaude avec un peu d'huile d'olives.

Mais il est temps d'en finir. J'en pourrais dire davantage, mais j'ai réuni ce qui m'a semblé le plus utile. Bons jeunes gens, je serai heureux si j'ai pu, en vous associant à mon expérience, longuement acquise, concourir à vos plaisirs et veiller à votre sûreté.

FIN.

www.ingramcontent.com/pod-product-compliance
Ingram Content Group UK Ltd.
Pitfield, Milton Keynes, MK11 3LW, UK
UKHW021312190726
13839UKWH00007B/1200